你有沒有想像過，
有一天我們能夠遨遊宇宙、
定居其他星球呢？

行星 MAPS

～太陽系漫遊繪本～

文 宇宙大哥哥　繪 イケウチリリー

瑞昇文化

那麼，就讓我們朝著宇宙振翅高飛吧！

在夜晚抬頭仰望天空之際，就能看到月亮發出燦爛的光輝呢。月亮（月球）其實就在我們所居住的地球身邊運轉著，是被稱為衛星的一種天體。

而地球，則是在太陽的旁邊繞行、是被稱為稱為行星的天體。就像大家都知道的那樣，在太陽的身旁繞行的行星，可不是只有地球喔。還有水星、金星、火星、木星、土星、天王星、海王星也都是如此。過去，美國的太空人曾搭乘太空船前往月球。他們甚至還在月球上漫步、收集那裡的岩石帶回地球。雖然目前為止，人類還未能踏上行星，但世界各地的研究者們都在調查、思考可行的方法。或許在未來的某一天，當大家變成大人之後，就能一償前往其他星球的願望也說不定呢！

而各位翻開的這本書則搶先一步，為大家導覽了行星的漫遊之旅。首先就讓我們先飛向鄰近的行星・火星，再接著造訪其他的行星吧。在各式各樣的行星周圍，或許也有像地球身邊的月球那樣在一旁繞行的衛星。在那些行星之中，可能存在著跟地球相似、或者截然不同的樣貌。雖然宇宙盡是存在著未解之謎，但也因為如此，才讓冒險變得更加有趣，對吧！

和你一起展開冒險的夥伴們

這裡要向大家介紹，接下來將和各位一起展開行星旅程的團隊成員們。

他們是富有特質的2個人類與1台機器人。

夥伴們各自擁有擅長的領域，同時也有不拿手的事物，但只要同心協力，就能讓這次的探險邁向成功！

UNI

浪漫主義者。對星光燦燦的宇宙抱有憧憬而參加了這次旅程。因為性格穩重，很適合擔任太空船的領航員角色。因為同時也是喜愛發明的工程師，可以放心把太空船和水熊蟲號的維修交給她。

水熊蟲號

小型寵物機器人。好奇心很強，對任何事物都興致勃勃。雖然也有些不夠沉穩的地方，但其實是團隊中的萬事通。不管在什麼環境都能活動，還擁有6隻伸縮自如的腳喔。

COSMO

在這次的團隊中有著最強的冒險意志。擁有出色的太空船操縱技術，可以跟著他朝著宇宙各處勇往直前！個性溫柔，總是顧慮他人的領導者性格。有時會出現冒失的行動，這個時候請幫他一把吧！

目次

從太陽到各行星之間的距離

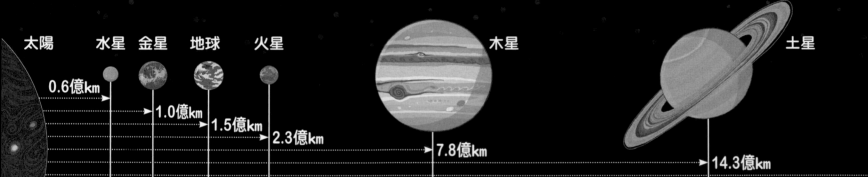

太陽　水星　金星　地球　火星　　　　　　木星　　　　　　土星　　　　　天王星

0.6億km

1.0億km

1.5億km

2.3億km

7.8億km

14.3億km

28.7億km

給伴讀者們

本書以截至2018年5月的研究資料為基礎，將各式各樣的行星或天體的特徵，以能讓兒童容易吸收理解的情境形式來呈現。其中在星球間旅行、居住的情節部分，是希望能夠藉此點燃小朋友的冒險心、好奇心、創造心的熱情火種，而構思的點火裝置。若是能夠因此讓孩子們將「宇宙會變成什麼樣子呢？」、「好想去這個星球看看啊。」、「但是如果要去這麼遠的地方，就要打造火箭才行呢。」、「真的有外星人存在嗎？」等話語掛在嘴上，就太令人感到榮幸了。

 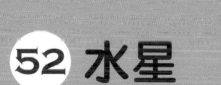

海王星

→45.0億km

行星旅行便利貼

服裝

在太空船或基地中，穿著平常的衣服就可以了。但是到了外面的宇宙空間，那裡並不存在我們需要的空氣，還會出現無法忍受的高熱或寒冷，也會受到四周推擠而來的壓力，甚至可能有危險的東西從四面八方飛過來。因此請大家一定要穿上太空裝。

在宇宙空間或
行星上的服裝

在太空船和
基地中的服裝

我還是
一樣喔

太空船

行星和行星間的距離是相當遙遠的。舉例來說，從地球搭著時速100公里的車子朝著火星開去，至少也要花65年才能到達。等到我們終於抵達目的地，大家都已經變成老爺爺和老婆婆了，因此請務必準備速度快的太空船。在星球上著陸後，在確認環境安全之前，太空船也能當作基地來使用。

◢食物

基本上沒有一般的食物。為了能大量攜帶，因此準備的是經過乾燥化處理的堅硬輕便食物，也就是能在太空船或基地中用水或熱水沖泡還原的太空食品。請記得把它們帶上太空船喔。

◣飲料

雖然在火星或月球都有發現水的痕跡，但還是要帶著飲用水前往。水不只能用來沖泡還原太空食品，還可以拿來產生供給我們呼吸所用的空氣。

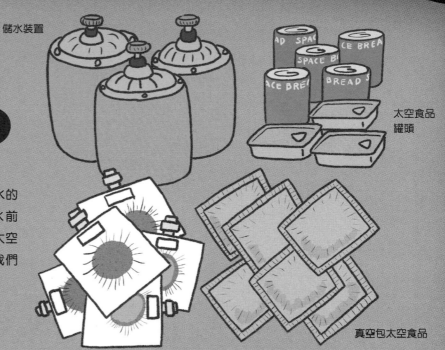

儲水裝置

太空食品罐頭

真空包太空食品

用水或熱水還原的太空食品

🪐 請先把自己打理乾淨，再出發吧！

只要找到還沒有人發現的行星，全都是大發現。只不過，我們會在不知不覺中，把上頭的土、種子、細菌等發現物也一起帶到地球或其他星球上，這樣就不妙了。請利用太空船等空間，把自己打理乾淨後，再前往下個目的地吧。

🪐 如果我們遇上了其他生命的話……

目前在地球以外的行星上，還沒有發現生物的存在。不過倒是有發現水。在那些人們認為有水存在的行星上，或許就有生物棲息也說不定。何以見得呢？就像地球的生命也都是從海水中所孕育出的一樣。若是碰到似乎無法理解我們在說些什麼的生物，即便語言不通，或許透過音樂就能傳達心意呢，請嘗試看看吧！

首先前往火星！

擁有大型山谷的紅色星球

火星

大小為？

約為地球的一半大。

重量部分，10個火星才差不多等於1個地球。

重力為？

體重30公斤的人變得只剩下11公斤。

是什麼樣的星球？

在地球外側運行的行星。火星表面的岩石含有許多鐵質，看起來像是鏽蝕般的紅色。從地球用望遠鏡觀測，就會發現它是一顆紅色的星球。

火星上已發現有冰冠存在，也和地球一樣擁有季節的變化。

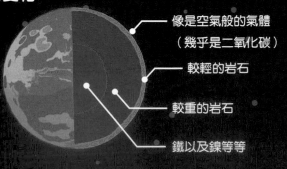

- 像是空氣般的氣體（幾乎是二氧化碳）
- 較輕的岩石
- 較重的岩石
- 鐵以及鎳等等

不管是高山還是深谷，好想趕快去探險！

奧林帕斯山
是繞著太陽運轉的行星中最巨大的一座火山。

艾斯克雷爾斯山

塔爾西斯山群
意指艾斯克雷爾斯、帕弗尼斯、阿爾西亞等三座大型火山。

帕弗尼斯山

阿爾西亞山

敘利亞高原

西奈高原

戴埃達利亞高原

太陽高原

伊卡利亞高原

\我們在這！/

火星

土星
小行星帶
木星
天王星
海王星
金星
地球
太陽
水星

北極

存在水冰和乾冰。冰量會因為季節變化而有所增減。

阿西達里亞平原

被稱為冰冠的北極冰層，形狀是漩渦狀喔！

坦佩高地

卡塞峽谷

克里斯平原

艾徹斯深谷

月神高原

水手號谷

長約4000多公里，最深處達7公里之多。

厄俄斯峽谷

如果發現水的話，或許就有生命存在也說不定呢！

以地球來比喻，其衛星就像是月球那樣的天體。

得摩斯
（火衛二，Deimos）

阿爾及爾平原

南極

存在水冰和乾冰。冰量會因為季節變化而有所增減。

福波斯
（火衛一，Phobos）

火星是擁有衛星的喔

在火星身旁繞行的是福波斯和得摩斯這2顆衛星。也可說它們是被火星的引力拉住的小行星。

機器人會出來迎接各位喔

事實上，在火星上面已經有從地球送過去、被稱為探測車的機器人們在活躍著喔。它們搭乘火箭，大約花了6～8個月才抵達火星。接著調查火星的情況，再把資料回傳給地球。如果發現它們沾滿火星的沙子、或是有損壞的話，請幫幫它們的忙吧。

到達基地之後，首先要進行大掃除

如果出現沙塵暴或龍捲風的話，火星整體會變得像是被沙塵包覆住一樣喔（又被稱為「黃雲」）。滿是沙子與塵埃飛舞的火星，說得誇張點，簡直就像是「30億年以來完全都沒打掃」那樣。

雖然存在著好像空氣那樣的東西，但卻無法呼吸！

在火星上，存在著雖然稀薄、
但宛如空氣般的氣體。
只不過，氣體幾乎是由二氧化碳
所構成，不能用來呼吸。
因此，如果我們在火星上拿下
太空頭盔的話，就會覺得
吸不到氣，
非常痛苦喔。

來飼養蠶寶寶吧

說到在火星能吃些什麼食物，
就輪到蠶寶寶登場囉。
蠶寶寶的蛹只要水煮過後，
嚐起來就像是地瓜一樣，
很美味喔！
另外，還能利用蠶寶寶
吐出的絲來製作衣服呢。

放假的時候，就來挑戰奧林帕斯山看看！

火星的大小，大約是地球的一半，
但是火星上面的奧林帕斯山，
就連地球上最高的埃佛勒斯峰（8848公尺）乘以2都沒
有它那麼高。高度大概有2萬5000公尺喔！
也是諸多繞著太陽運轉的行星之中最高的一座火山。
想要挑戰登山的話，看來必須要盡可能利用長假呢。

歡迎蒞臨
太陽系
最高的山‼

一起來探索水手號谷吧！

火星上的水手號谷，

也是諸多繞著太陽運轉的行星之中獨占鰲頭的巨大峽谷。

全長約有4000多公里，最深的地方可達7公里之多！請大

家從峽谷上方或是底部，來享受這裡壯闊的景色吧。

會通到哪裡呢？

當天空變成藍色時就返回基地吧！

地球的夕陽會讓天際染上一片紅色，但火星上的夕

陽卻是藍色的喔。火星在比較溫暖的時候，溫度大

約還有20℃左右，但是入夜之後，就會下降到負

130℃左右喔！如果發現時間進入傍晚，記得要快

點返回基地喔。

穿上冰刀鞋來滑冰！

在火星的北極，
存在著被稱為冰冠、呈現漩渦狀的冰層喔。
似乎是由二氧化碳凝固的乾冰以及水冰所
構成。如果可以輕快地在上面滑冰，
感覺一定很棒。

地面上四處散落的藍莓！？

在火星的地面上，常會發現4公厘左右
大小的圓形小石頭，因為形狀的關係，
大家都戲稱它們為藍莓。
是被河水沖過來的嗎？
或者是隕石墜落所造成的呢？
人類目前還在思考這個問題，
請大家也調查看看吧！

能遇見嗎？居住在火星的生物！？

火星的地表，留有大量似乎是水流動過後而留下的痕跡。而且，目前已經在北極的區域發現凝固的水了！

如果有水存在的話，或許就可能出現生物也說不定呢。

請預先做好「隨時碰到火星生物也沒問題」的心理準備吧！

在火星身旁運行的衛星上，從火星外側來進行觀光！

衛星之一的福波斯，其運轉軌道比得摩斯更接近火星，大約8小時就能繞火星一圈。

得摩斯則是要花上30小時才能繞完火星一圈喔。

因此，如果想要從近距離觀察火星的話，就要登上福波斯；

希望悠哉地觀賞火星，就推薦各位選擇得摩斯。

從福波斯或得摩斯上面觀測到的火星，視覺觀感上會比起從地球觀測月球來得更大喔。

福波斯

想靠近一點觀察，
就選福波斯

火星

想優閒地觀賞，
就選得摩斯

得摩斯

因為福波斯的運轉軌道離火星較近，因此會重複著接近火星又遠離的過程。

今後，當福波斯過於接近火星的時候，或許就會因為火星的引力而導致潰散崩解也說不定。

因此，如果想要在這裡蓋一個家的話，首選並非福波斯，而是得摩斯比較好。

想要蓋一個家，就選得摩斯

福波斯

火星

得摩斯

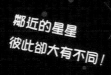

鄰近的星星
彼此卻大有不同！

調查看看吧

火星的衛星
福波斯與得摩斯

福波斯有撞擊坑，形狀坑坑疤疤的。

相比之下，得摩斯的表面平滑多了呢。

福波斯

得摩斯

從小行星帶穿越過去吧

宇宙是很寬廣的。即使其中存在著大量的小行星，
它們彼此之間其實都相隔了一大段距離。
即便朝著小行星帶的正中央通過，
也很有可能碰上連1個小行星都看不到的情景喔！

\我們在這！/

小行星帶

從火星前往木星的區間，有一個被稱為「小行星帶」的場所，
那裡聚集了小小又凹凸不平、為數眾多的小行星。
就目前已知的資訊，至少也有數十萬個小行星在繞著太陽運轉喔。

或許能拍攝到美麗的彗星？

小行星

彗星

木星

小行星

在宇宙中，你會見到別稱「掃把星」的
彗星從遠方飛馳而來喔。
有的小行星只要接近太陽，就會釋放出氣
體，成為拉出一條長長尾巴的彗星呢！

小行星

小行星

小行星

雲與漩渦的星球
木星

著陸囉！

不過地面在哪呢？都是雲層喔！

大小為？

在圍繞太陽運轉的行星中是最大的一個，重量約為318個地球。

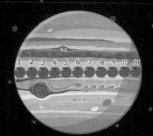

側面橫長約為11個地球。

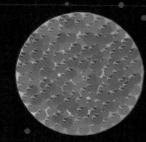

體積大約可以容納1300個地球。

重力為？

體重30公斤的人變成71公斤。

是什麼樣的星球？

總是颳著強風，上面有雲流動。因為距離太陽很遠，外側非常寒冷，約為負140℃。正中央受到周圍的壓力影響，非常炎熱，約有2萬℃。

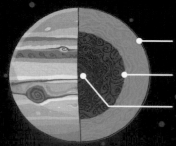

有雲流動的地方

有黏糊流質存在的地方

岩石與冰等等

暗雲帶

被低處風吹動的暖雲。

明亮雲帶

被高處風吹動的冷雲。

大紅斑
Great Red Spot

可容納2～3個地球的大小、像是巨大颱風的漩渦。看起來呈現紅色。

＼我們在這！／

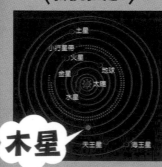

木星

南極

22

極光

木星的南極和北極，存在著比
地球還亮100倍的極光。

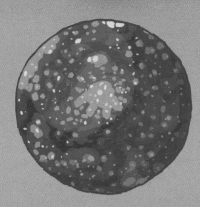

卡利斯多
（木衛四，Callisto）

以地球來比喻，其衛星就
像是月球那樣的天體。

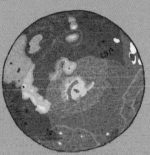

甘尼米德
（木衛三，Ganymede）

歐羅巴
（木衛二，Europa）

木星擁有
衛星喔

在木星周圍運轉的衛
星，現在已經發現60
個以上，其中最大的
就是這4個。

**經常有小行星或
彗星撞上來呢**

埃歐
（木衛一，Io）

小紅斑
Red Spot Junior

比大紅斑小，呈現紅色
的漩渦狀。

**木星上面還會
出現強大的
閃電喔！**

白斑

呈現白色的漩渦狀。

木星的1天，還不到地球的半天！

地球的1天有24小時。木星的1天約有10小時。

因此在地球自轉1圈的時候，木星已經轉了2圈了。

地球正在享用午餐的時間點，在木星的時間已經該睡覺了，

大概是這樣的感覺吧。

木星上的各位請注意自己的身體健康管理。

24小時自轉1圈

約10小時自轉1圈

該吃午餐了喔～

已經是睡覺時間了呢～

雲的流動方向是不一樣的！

在木星表面高速流動的雲，會有朝東方流動的、也有往西方流動的。

當大家想靠近一點來觀察雲的時候，請小心別和同伴走散了喔。

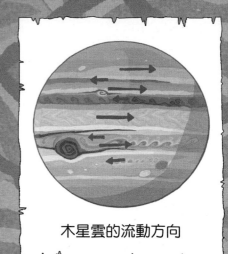

木星雲的流動方向

超推薦的景點

超有活力的漩渦是注目焦點

特別是在木星的北極，可以看到這個周圍環繞著
8 個小漩渦的活潑漩渦，必看不可錯過。

這裡變成
觀光名勝了呢！

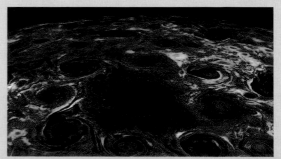

©NASA/JPL-Caltech/SwRI/ASI/INAF/JIRAM

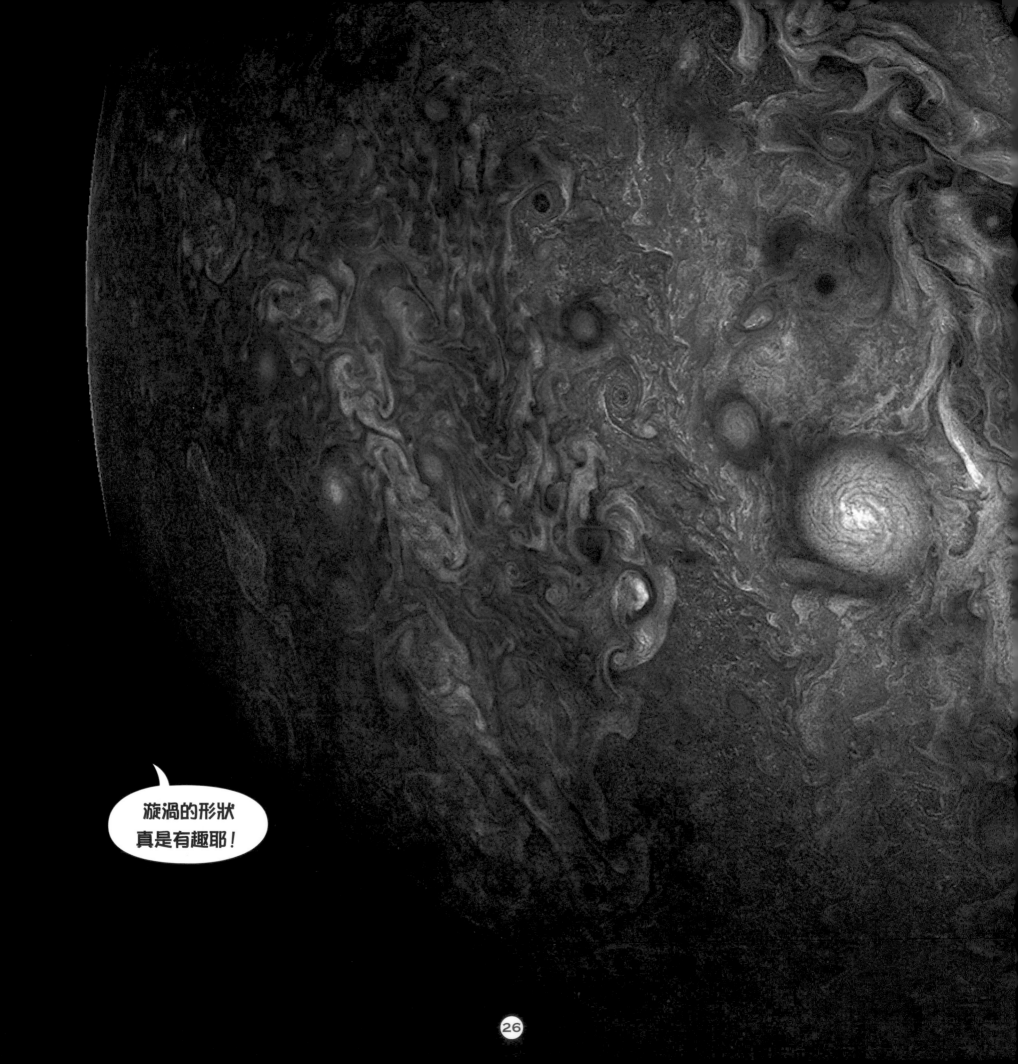

NASA 的木星探測機「朱諾號」所拍攝的

木星南半球樣貌

讓我們也飛去木星的衛星看看！

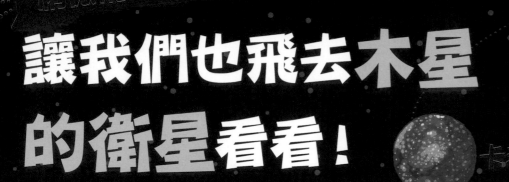

在木星的衛星埃歐，有大量噴發中的火山。
黃色的硫磺也隨之噴出。那裡的熱度和硫磺氣味，
其驚人程度可不是地球上的溫泉可相比的呢。

木星的衛星歐羅巴，
雖然是顆被冰包覆住的星球，
但據說在冰層的下面有海洋存在。
如果有海洋的話，或許就有生物棲息也說不定喔！

在歐羅巴會碰到生物！？

土星

大小為？

在圍繞太陽運轉的行星中，大小僅次於木星。其體積可容納約755個地球，但重量卻只有95個地球左右。如果可以把土星放進水中的話，可能還會浮起來呢！

側面橫長約為
9個地球。

重力為？

體重30公斤的人變得只剩下27公斤。

是什麼樣的星球？

幾乎是由氣體構成的一顆行星。因為會以驚人的速度自轉，以致土星的本體形狀趨近往橫向膨起的橢圓狀。再來，無庸置疑，那個巨大的土星環就是它的註冊商標。土星環是由岩石與冰構成的喔。

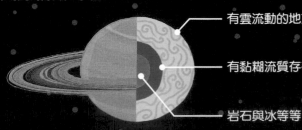

有雲流動的地方

有黏糊流質存在的地方

岩石與冰等等

土星環

在地球也能用望遠鏡看到土星環呢！

看不見的極光正在閃耀著

雖然人的肉眼無法辨識，但藉由能看見紫外線的望遠鏡去觀測，就能發現極光。

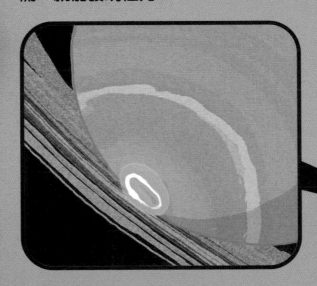

白斑

呈現白色的漩渦狀。

南極

有個像是颱風眼的巨大漩渦存在。

\我們在這！/

土星

小行星帶
火星
金星 地球
太陽
水星
木星
天王星 海王星

真想近距離看看土星環呢～！

忒堤斯
（土衛三，Tethys）

恩賽勒達斯
（土衛二，Enceladus）

彌瑪斯
（土衛一，Mimas）

土星擁有許多的衛星喔

繞著土星運行的衛星，目前已經發現60個以上了。其中最大的一顆衛星泰坦上頭，還有近似空氣的氣體存在呢。

伊阿珀托斯
（土衛八，Iapetus）

瑞亞
（土衛五，Rhea）

北極
有六角形漩渦存在。

狄俄涅
（土衛四，Dione）

泰坦
（土衛六，Titan）

其實土星環是由冰和岩石所構成的喔！

橫條紋
雖然和木星相比之下比較不醒目，但土星也有因為雲流動而出現的橫條紋。

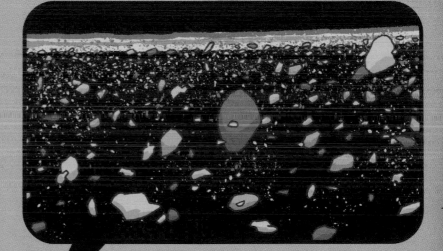

靠近一看，土星環是由好多個行星環組成，其中還有間隙喔。

土星環的橫幅長達23萬公里之多。而且是由1000條以上的細環所組成的。

真遺憾，沒辦法站在土星環上面。

當我們靠近土星環觀察，
就能知道土星環是由冰和岩石所構成的。
因此我們沒辦法站到上面、更無法在上面奔跑。
構成物的冰幾乎都是水冰，明亮的環是由大塊的冰、
陰暗的環則是小塊的冰聚集而成的。

小心別被巨大的漩渦捲進去呀！

在土星的南極，有一個以驚人速度旋轉、近似巨大風暴的漩渦。
在它的正中央，有個空氣會往下移動，
宛如地球上的颱風那樣的「眼」，太過接近的話可是很危險的呢！

超推薦的景點

位於土星北極的美麗六角形漩渦

土星的北極有一個很大的漩渦。而且它的外觀竟然
是一個美麗的六角形。是一個大小可容納2個半地
球的漩渦喔。

不可思議！

漩渦竟然
變成六角
形了！

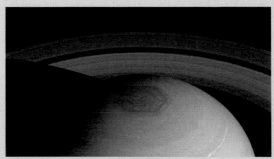

33

土星探測機「卡西尼號」所觀測到的

土星環樣貌

©NASA/JPL

讓我們飛去土星的衛星看看！

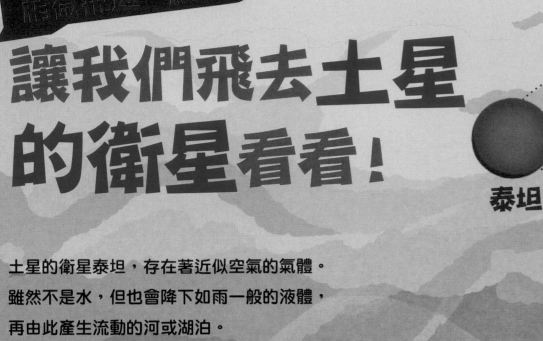

土星

恩賽勒達斯

泰坦

土星的衛星泰坦，存在著近似空氣的氣體。

雖然不是水，但也會降下如雨一般的液體，

再由此產生流動的河或湖泊。

看到這樣的情景，就會讓人想起我們的地球，

說不定還會因此得了思鄉病呢！

雖然景緻讓人懷念，

但是沒穿上太空服的話，還是不能直接走出基地喔。

在這種情況下跑到基地外面，人就無法生存了。

待在泰坦會讓人想起地球呢

土星的衛星恩賽勒達斯上面，
會出現噴發出冰的冰之火山喔。
噴發的高度竟高達數千公里！
事實上，在這些噴出來的冰裡面，
已經發現構成生物的成分了。
或許這裡很可能會出現生物喔！

來恩賽勒達斯看看
冰之火山吧

横躺的藍色星球

天王星

大小為？

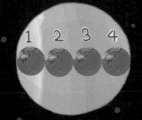

側面橫長約為4個地球。

重量約為14個地球。

重力為？

體重30公斤的人變得只剩下26公斤。

什麼樣的星球？

和其他的行星不同，是個橫躺著的星球。據說在天王星形成之際，因為被巨大的天體撞擊，才讓它變成橫躺的狀態喔。

它還是個被雲包覆的行星。在雲層中有大量的甲烷存在，所以外觀看起來才會呈現藍色。天王星環是由13條細的行星環構成，因為太細又太暗，所以看不太清楚。

- 有雲流動的地方
- 水和甲烷等構成的冰
- 岩石與冰等等

是個美麗的藍色星球呢！

裡面到底是怎樣的結構呢？

南極

衣領

呈現明亮的帶狀。因季節變化會在南方或是北方出現。

天王星環

大約由13條細環構成

\我們在這！/

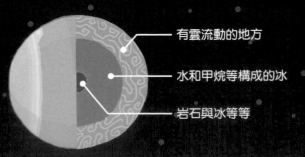

士星
小行星帶
火星
金星　地球
太陽
水星
木星
海王星

天王星

38

遍布厚雲層和
閃電的世界

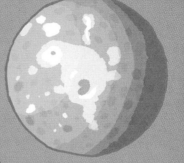

奧伯龍
（天衛四，Oberon）

艾瑞爾
（天衛一，Ariel）

白斑
大型的砧狀雲因為太陽光的照射，
看起來好像正在閃閃發亮。

暗斑
下層的雲微微可見，
看起來暗暗的。

北極

天王星擁有27個衛星喔

右方的5個衛星，就是所謂的天王星五大衛星。

泰坦尼亞
（天衛三，Titania）

米蘭達
（天衛五，Miranda）

烏姆柏里厄爾
（天衛二，Umbriel）

天王星散發臭屁的味道？

在天王星雲層上方那宛如空氣的氣體中，存在著味道既像壞掉的雞蛋、又像臭屁的硫化氫這種成分喔。

從某個層面來看，是閃亮亮的冰之世界！

天王星又被稱為是巨大的冰之行星「Ice Giant」喔。

讓我們乘著太空船，飛進天王星的雲層中看看吧。

在上層的雲之中，可以看到水或是甲烷凝結成的冰顆粒，正在那裡閃閃發光，等待著各位。

自由自在地往返白天與夜晚的基地

因為天王星呈現橫躺的狀態，

因此其中一面會持續42年的白晝、

另外那一面則是會持續42年的夜晚喔。

所以，大家可以自由往返分別蓋在兩邊的基地，

自行選擇要過白天還是晚上的生活。

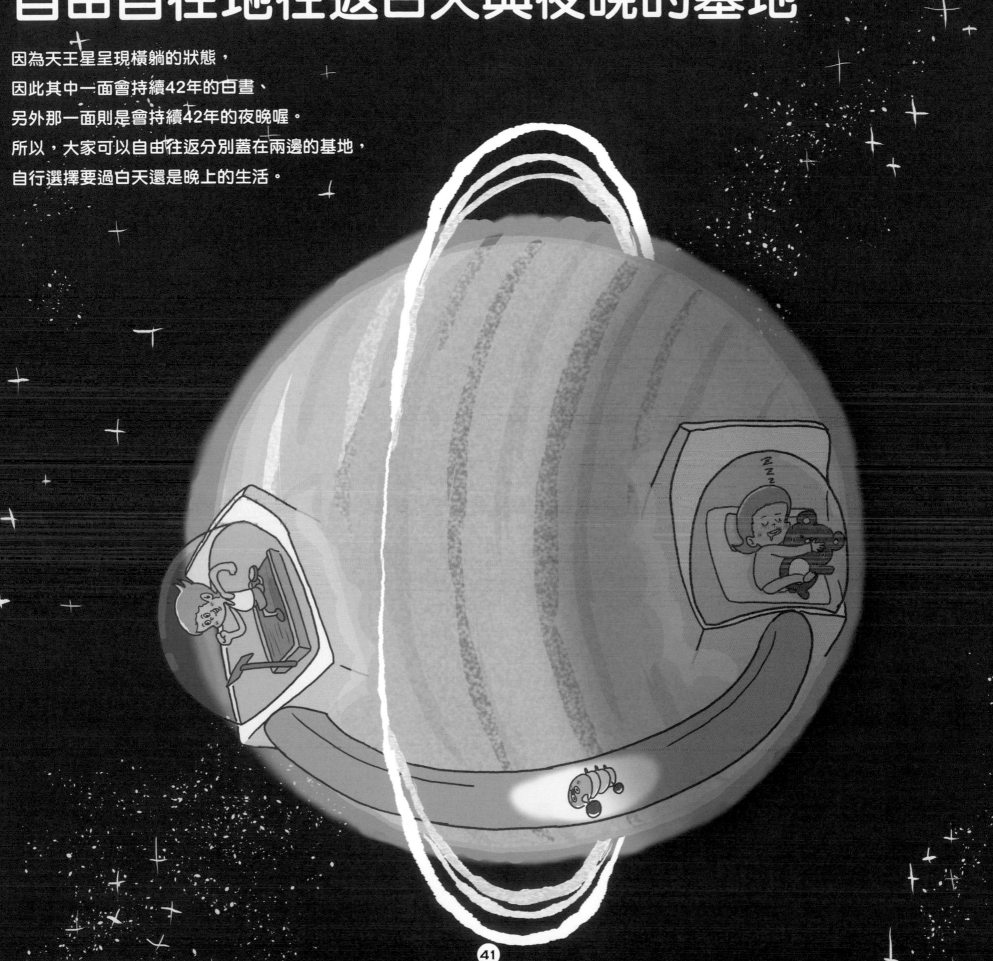

離太陽最遠的藍色星球
海王星

大小為？

側面橫長約為4個地球。

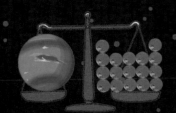

重量約為17個地球。

重力為？

體重30公斤的人變成34公斤。

什麼樣的星球？

在太陽系中距離太陽最遠的地方運轉著，因此非常寒冷，是一個冰之行星。

它也是個被雲包覆住的星球，在雲層中有大量的甲烷存在，因此外觀看起來呈現藍色。

其實海王星擁有5條行星環，但是太細了，因此看不太清楚。

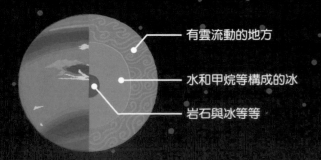

- 有雲流動的地方
- 水和甲烷等構成的冰
- 岩石與冰等等

▶ Scooter
在強風中流動的白雲

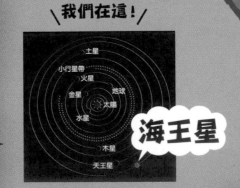

\ 我們在這！/

土星
小行星帶
火星
金星　　地球
太陽
水星
海王星
木星
天王星

北極

當北極面向太陽的方向時，就會產生甲烷這種氣體。

大暗斑

向內部凹陷的巨大反氣旋。會進行收縮和擴張。但現在已經觀測不到了。

南極

不斷冒出甲烷這種氣體。

海王星擁有14個衛星喔

最大的衛星就是崔頓。至於其他的衛星都不是圓滾滾的，而是像小岩石一般的形狀。

崔頓
（海衛一，Triton）

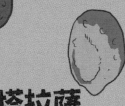

內勒德
（海衛二，Nereid）

塔拉薩
（海衛四，Thalassa）

黛絲碧娜
（海衛五，Despina）

伽拉忒亞
（海衛六，Galatea）

拉里薩
（海衛七，Larissa）

普羅透斯
（海衛八，Proteus）

天空下起鑽石雨了！

海王星受到周圍高溫高壓的影響，形成巨大鑽石從天上如雨水般降下的現象。但是因為太危險了，請不要跑去撿啊！

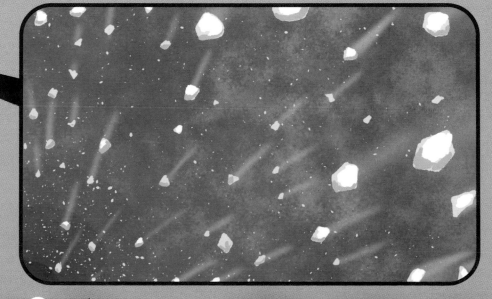

利用海王星的強風來玩風帆

在海王星的表面，有甲烷雲在風中流動著。
讓我們乘著這股風勢，在雲上進行一場風帆競速吧！
此外，這裡的風速可是比音速還要更快，
時速高達1440公里！

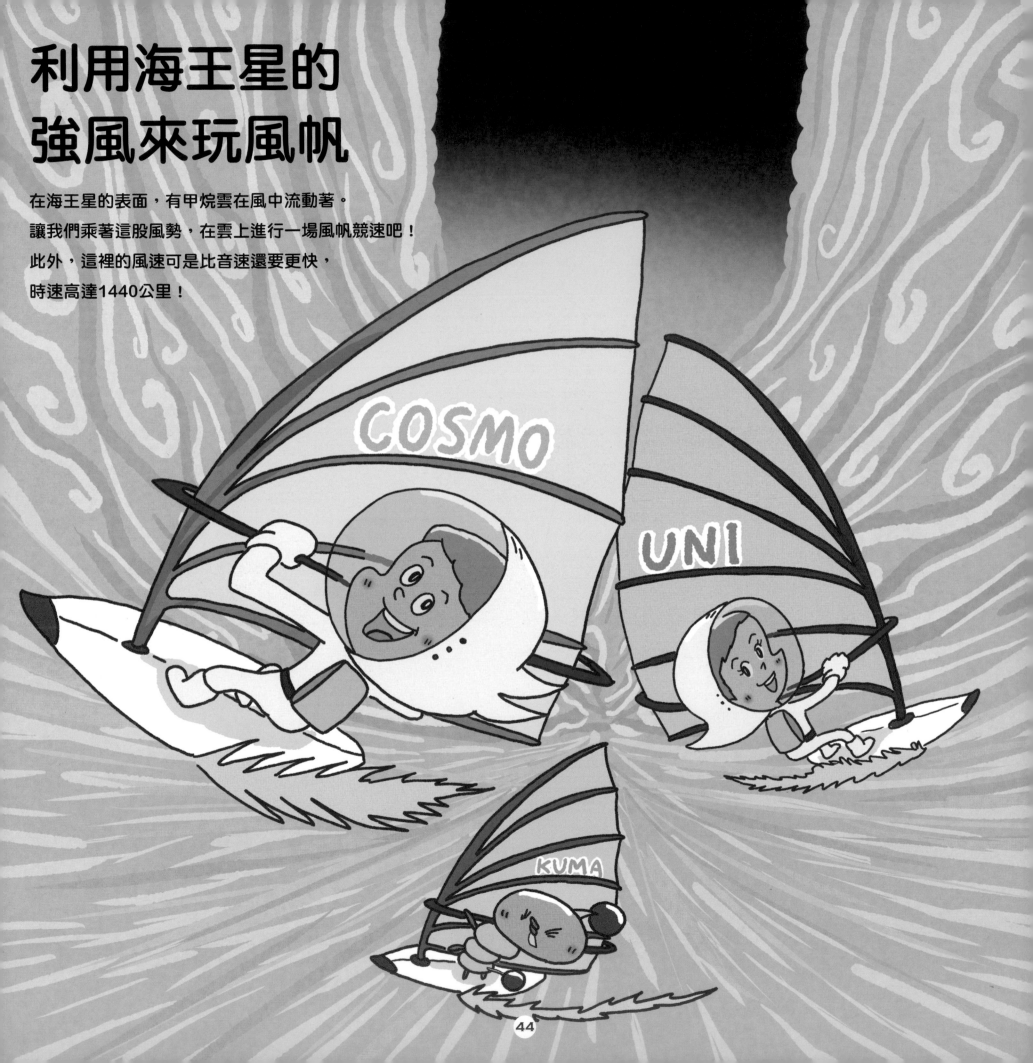

讓我們也飛去海王星的衛星看看！

海王星

崔頓

崔頓是怎麼成為海王星的衛星，這一點到現在還不得而知。在它上面有著會噴出氮氣和甲烷的火山喔。因為海王星的引力作用，人們認為它有一天會因此潰散，走入撞上海王星，或是成為海王星環一部分的命運。

從崔頓眺望
海王星

感覺好像來到很遠的地方呢。

45

宛如地球兄弟般的星球

金星

地面上有灼熱的岩漿流動

阿塔蘭塔平原

維拉莫平原

尼俄伯平原

魯薩爾卡平原

黛安娜峽谷
擁有大型的峽谷。

達麗深谷
擁有大型的峽谷。

阿芙洛黛蒂高地
廣闊到令人驚豔的地方。

阿爾忒彌斯峽谷
擁有大型的峽谷。

大小為？

和地球相比，金星稍微小一點，但幾乎是跟地球差不多大小。

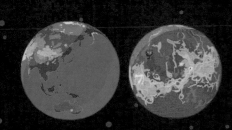

重量的部分，地球稍微重一點點。

重力為？

體重30公斤的人變得只剩下27公斤。

是什麼樣的星球？

不論是大小還是重量，都和地球很相似的行星。上頭也有近似空氣的氣體存在，但幾乎都是二氧化碳，因此無法用來呼吸。被雲層包覆著，並颳著強勁的風。表面溫度高達500℃，相當炎熱。

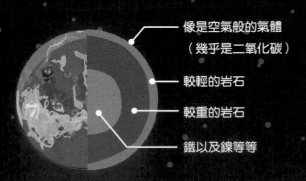

像是空氣般的氣體
（幾乎是二氧化碳）

較輕的岩石

較重的岩石

鐵以及鎳等等

在太陽附近的行星，會是什麼樣子呢？

像是地球旁邊的金星吧…超級熱的！

\ 我們在這！/

土星
小行星帶
火星
地球
太陽
水星
木星
天王星 海王星

金星

46

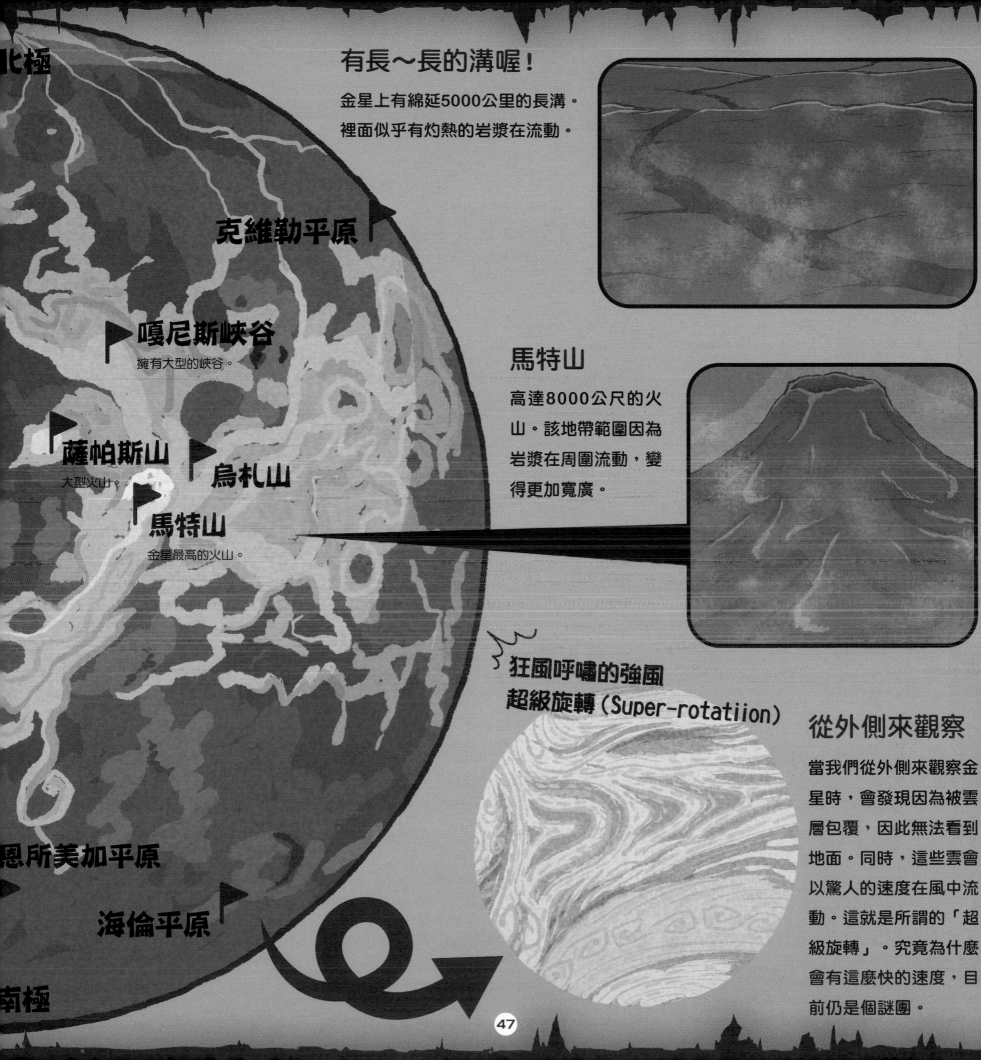

北極

有長～長的溝喔！

金星上有綿延5000公里的長溝。
裡面似乎有灼熱的岩漿在流動。

克維勒平原

嘎尼斯峽谷

擁有大型的峽谷。

馬特山

高達8000公尺的火
山。該地帶範圍因為
岩漿在周圍流動，變
得更加寬廣。

薩帕斯山

大型火山。

烏札山

馬特山

金星最高的火山。

狂風呼嘯的強風
超級旋轉（Super-rotatiion）

從外側來觀察

當我們從外側來觀察金
星時，會發現因為被雲
層包覆，因此無法看到
地面。同時，這些雲會
以驚人的速度在風中流
動。這就是所謂的「超
級旋轉」。究竟為什麼
會有這麼快的速度，目
前仍是個謎團。

恩所美加平原

海倫平原

南極

太陽升起的方位，
和地球是相反的喔！

金星的自轉方向和其他行星的方向相反。

因此，在地球上雖然是看到太陽從東方升起、再往西方落下，

但是在金星上，你會看到太陽從西方升起、再往東方落下。

當大家在金星的雲層上等待日出時，請務必留意方位喔。

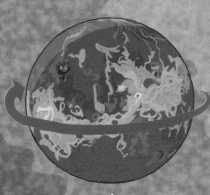

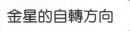

金星的自轉方向　　　地球的自轉方向

天氣總是陰陰的，等不到放晴

金星被雲層所覆蓋住，天氣總是陰陰的。

雖然成分不是水，但還是會從雲層中降下類似雨水的液體。不過並不需要準備雨傘或雨衣喔。

因為地表相當炎熱，雨下到一半就被蒸散，無法降到地表。

此外，這些雨中含有濃硫酸這種強酸成分，對人類來說是有毒的。

前往鬆餅山探險吧！

金星上面有許多小型火山。

其中還有因為黏糊糊的岩漿從地下迅速湧出，

接著經過冷卻之後形成外觀狀似鬆餅的「鬆餅巨蛋」，請一定要去開開眼界喔。

好像很好吃。

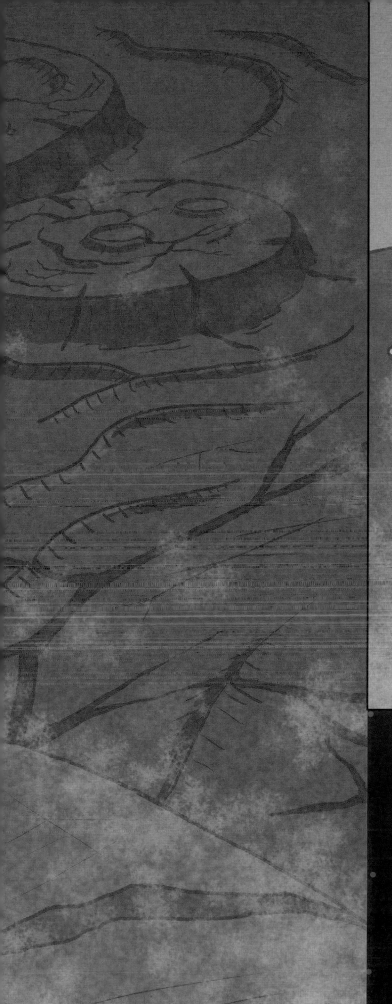

打造堅固的基地吧

我們在地球上的時候，其實也總是受到周圍的空氣擠壓，
但是大家都沒有察覺到吧？不過，在金星上的氣體所產生的擠壓力，
可是地球的90倍。為了不被壓扁，建立一個堅不可摧的基地是必要的。

超推薦的景點

7 個鬆餅巨蛋

單單一個鬆餅巨蛋的大小，直徑就約有25公里這麼長呢，高度則是有750公尺，相當龐大喔。

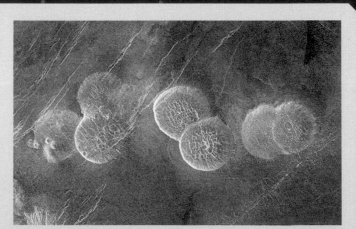

©NASA/JPL

遍布撞擊坑的小星球
水星

大小為？

側面橫長，2個半的水星才差不多等於1個地球。

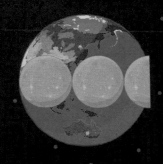

重量部分，18個水星才差不多等於1個地球。

重力為？

體重30公斤的人變得只剩下11公斤。

什麼樣的星球？

水星在距離太陽最近的軌道上運轉著，因此接觸到強光和熱能的部分非常炎熱。不過，因為幾乎沒有近似空氣的氣體存在，所以沒被太陽光照射到的地方就會變得很寒冷。它還是個表面被隕石撞擊出許多撞擊坑的行星。

- 較輕的岩石
- 較重的岩石
- 鐵以及鎳等等

擁有小型火山！

在卡洛里盆地外緣一帶有小型的火山。

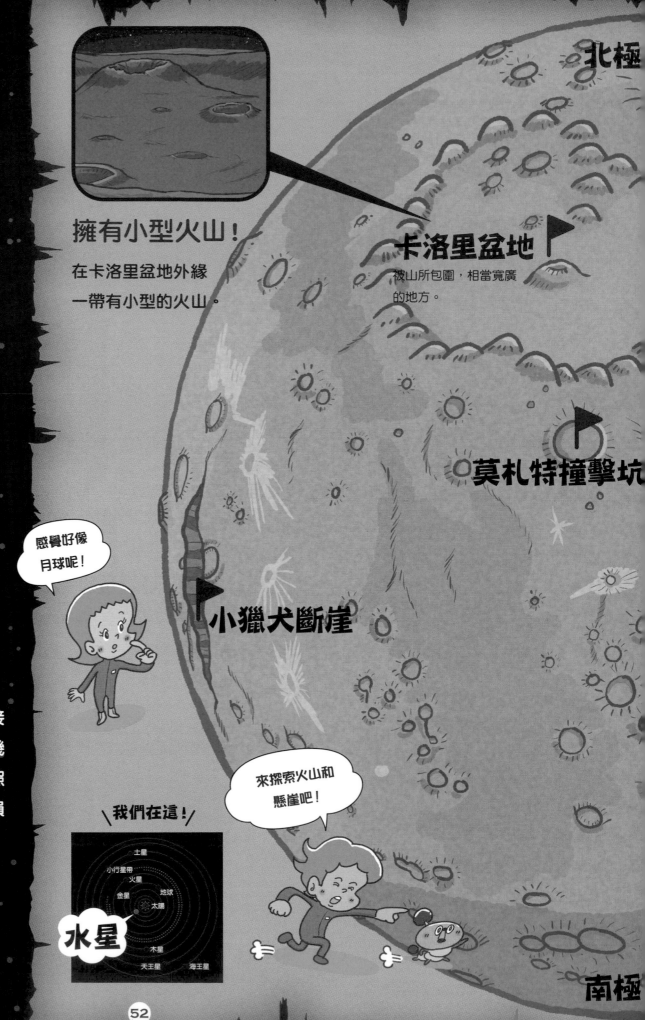

北極

卡洛里盆地

被山所包圍，相當寬廣的地方。

莫札特撞擊坑

感覺好像月球呢！

小獵犬斷崖

我們在這！

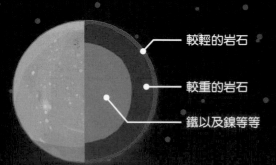

水星

來探索火山和懸崖吧！

南極

52

水星平原

卡洛里山脈

奧丁平原

Budh平原

Tir平原

托爾斯泰
撞擊坑

貝多芬
撞擊坑

撞擊坑中有水冰存在

在極區附近，有些不會被光線照射到的
撞擊坑，裡面就有水冰存在。

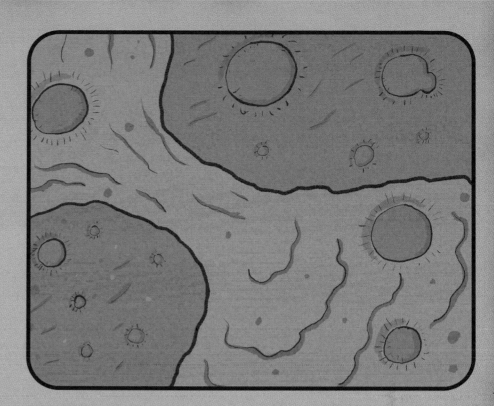

這是過去黏糊糊的岩漿流動後
所留下的痕跡！？

看似一條窄道，卻和大型盆地相互連結。這一定是
過去火山噴出的岩漿流經此處的痕跡。

擁有巨大的
深溝！

有些地方存在著細長且
巨大的綿延深溝。似乎
是地面受到擠壓後出現
的地形。

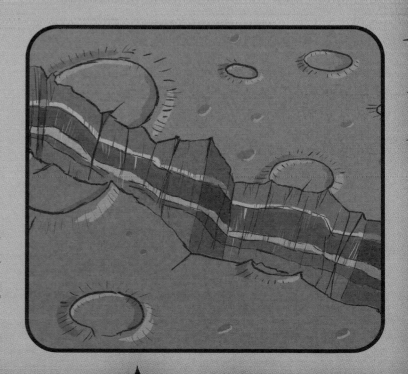

水星上的 1 天比起 1 年還來得長！？

水星的1年大約只有地球的88天那麼短，但是1天的長度卻相當於地球上的176天，相當長。

如果我們把日出視為開始，直到下一次日出之間的這段時間視為水星的1天，那麼這段期間內，水星其實已經繞了太陽2圈，等同於過了2年了。

因為不管是1天還是1年的概念都和地球的情況大不相同，所以請大家配合水星來修正行事曆吧。

要注意晝夜溫度的不同！

因為水星上沒有空氣，

被太陽光照射到的地方會非常熱，最高可達500℃。

至於另一側的陰暗面，

就會變得很寒冷，最低會降到負200℃。

日夜溫差一差就差了700℃之多！

因為溫差變化太過劇烈，

請隨時留意自己的身體狀況。

請注意直接掉落下來的隕石！

因為地球有大氣層，隕石在掉落過程中會摩擦生熱而崩解變小，

因此很少碰到巨大隕石直接掉到地面上的情況。

但是水星上並沒有空氣，隕石就會直接撞擊在地面上，

所以水星才會有為數眾多的撞擊坑。

散發光與熱的巨大星球

太陽

好〜熱！刺眼到睜不開眼睛。

大小為？

說到太陽的大小，竟然能容納130萬個左右的地球呢！重量也有33萬個地球之多！總而言之就是超級大！

側面橫長約為110個地球。

重力為？

體重30公斤的人變成800公斤。

是什麼樣的星球？

說到恆星，就是會自體發光的天體。因為相當巨大、引力也非常大，所以像是地球這種小型行星就會被太陽拉住，然後繞著它的周圍運行。表面溫度相當熱，大概有6000℃。中心部分竟然高達1500萬℃

正中心形成的能量，需要花100萬年以上才能傳導到表層。

產生龐大能量的部分。

色球層

位於光球層外側，像是太陽的大氣層。1萬℃。

光球層

太陽的表面。6000℃。

黑子

溫度比起周圍來得低，看起來呈現黑色的部分。因為太陽也會自轉，因此會看到它們由東往西移動喔。4000℃。

太陽也跟地球一樣，會進行自轉喔。

閃焰

發生在色球層的爆炸。2000萬℃。

\我們在這!/

土星
小行星帶
火星
金星　地球
水星
太陽
木星
天王星　海王星

日珥

強烈的拱門型氣流。

1萬℃。

日珥的高度可達
5萬～10萬公里喔！

因為有太陽光的加溫，
地球上才能夠孕育出生命喔。

針狀體

強烈噴發出的氣體柱。

太陽光傳到地球要
花上8分鐘呢！

光斑

溫度比起周圍來得高，
看起來呈現白色的部分。

米粒組織

遍布太陽整體的顆粒狀
斑駁外觀。

日冕

環繞太陽外緣的發光部分。

100萬℃。

花幾天就能前往的宇宙基地

月球

大小為？

4個月球才差不多等於1個地球。

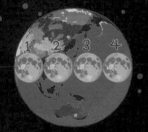

側面橫長，4個月球才差不多等於1個地球。

重量部分，81個月球才差不多等於1個地球。

重力為？

體重30公斤的人變得只剩下5公斤。

是什麼樣的星球？

月球是繞著地球運行的衛星。過去阿波羅太空船在花了4天又6小時後成功登上了月球。因為地球和月球都會自轉，所以月球總是用相同的那一面朝向地球。因此從地球望去的月球樣貌一直都是相同的。

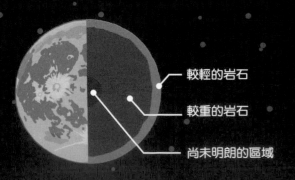

較輕的岩石
較重的岩石
尚未明朗的區域

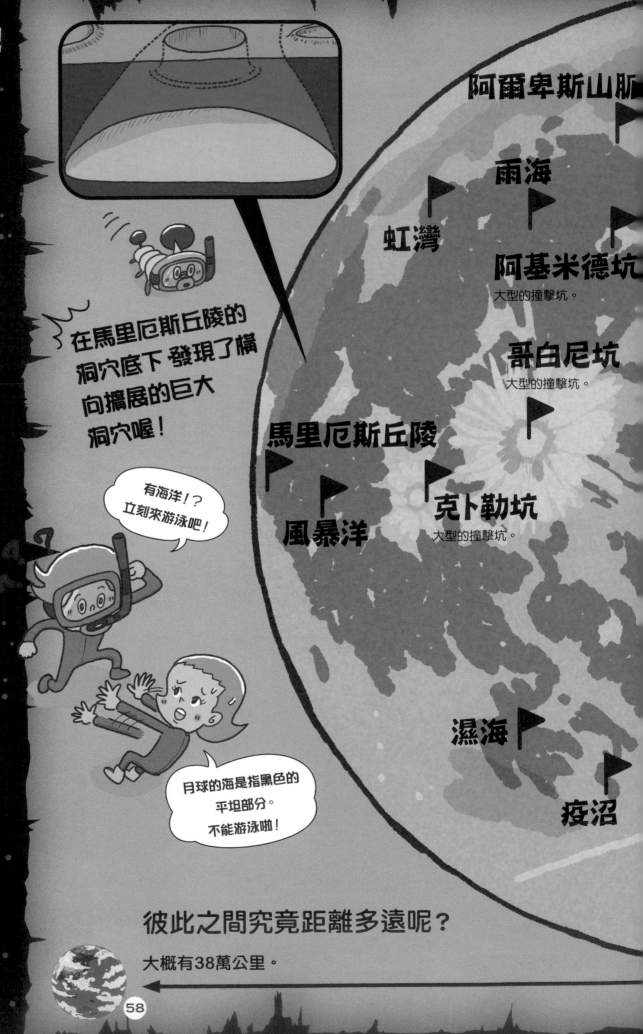

在馬里厄斯丘陵的洞穴底下發現了橫向擴展的巨大洞穴喔！

有海洋！？立刻來游泳吧！

月球的海是指黑色的平坦部分。不能游泳啦！

阿爾卑斯山脈

雨海

虹灣

阿基米德坑
大型的撞擊坑。

哥白尼坑
大型的撞擊坑。

馬里厄斯丘陵

風暴洋

克卜勒坑
大型的撞擊坑。

濕海

疫沼

彼此之間究竟距離多遠呢？

大概有38萬公里。

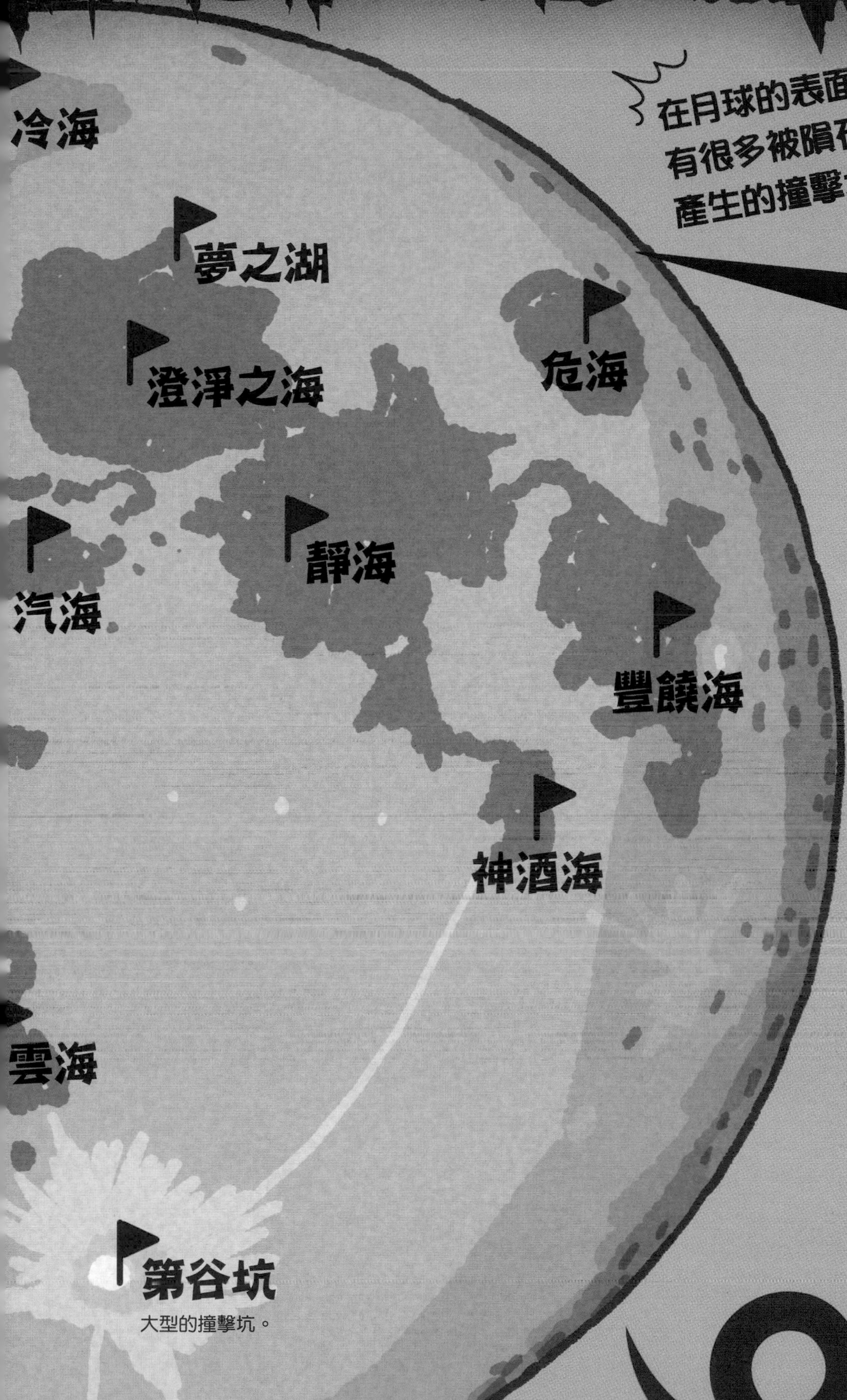

冷海

夢之湖

澄淨之海

汽海

危海

靜海

豐饒海

神酒海

雲海

第谷坑
大型的撞擊坑。

在月球的表面，
有很多被隕石撞擊後
產生的撞擊坑！

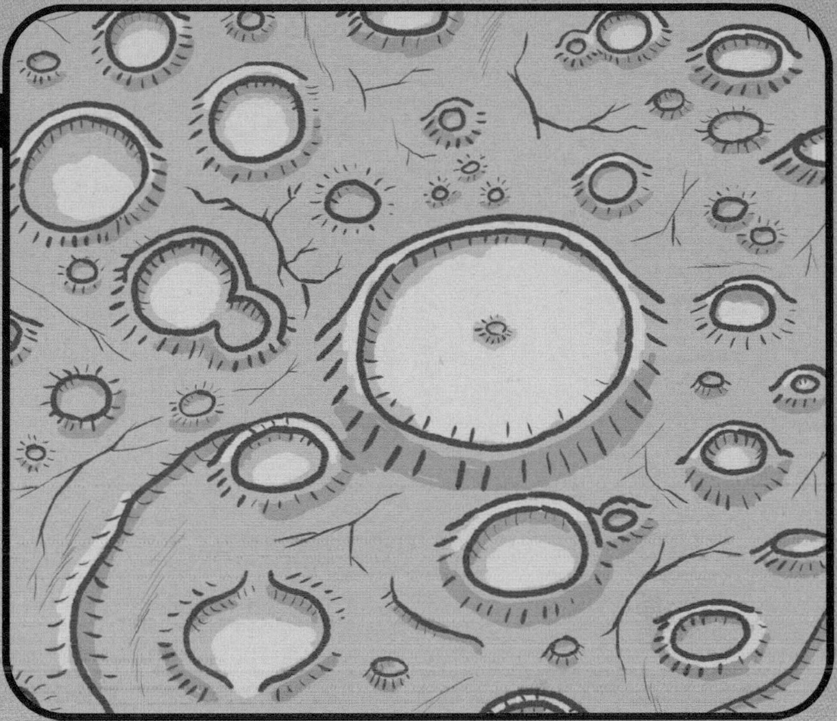

月球的另一張面孔

月球的另一面遍布著小型撞擊坑。
從地球上是觀測不到這一面的。

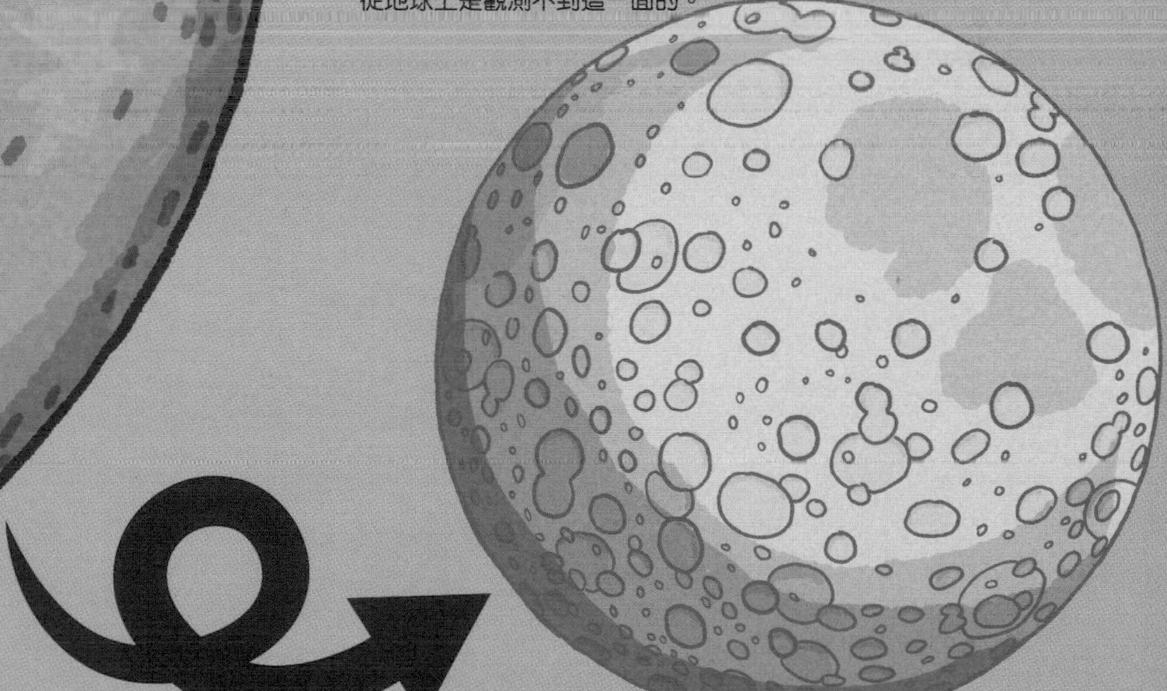

這裡就是月面基地喔！

月球的引力僅僅只有地球的6分之1而已，因此在發射前往其他星球的火箭時也相當輕鬆。
建築物是以月球的砂石為材料，並以3D列印技術打造而成的喔。
要朝其他行星前進時，並不是從地球出發，而是要在月球基地做好準備後，才展開行動。

天線

跟地球或太空船進行通訊。

月面車

配備太空服，穿上之後也能離開車子、走到外面看看喔。

太陽能板

將太陽光轉換成在月球使用的電力。

運輸機航廈

在月球周遭飛來飛去，把各種東西載進載出的太空運輸機，會從這裡進出。

月面之家

人類居住的場所。

太空船運輸機

把人或物資載往月球的每一個角落。

植物園

如果沒有像地球那樣的自然環境會很寂寞呢。

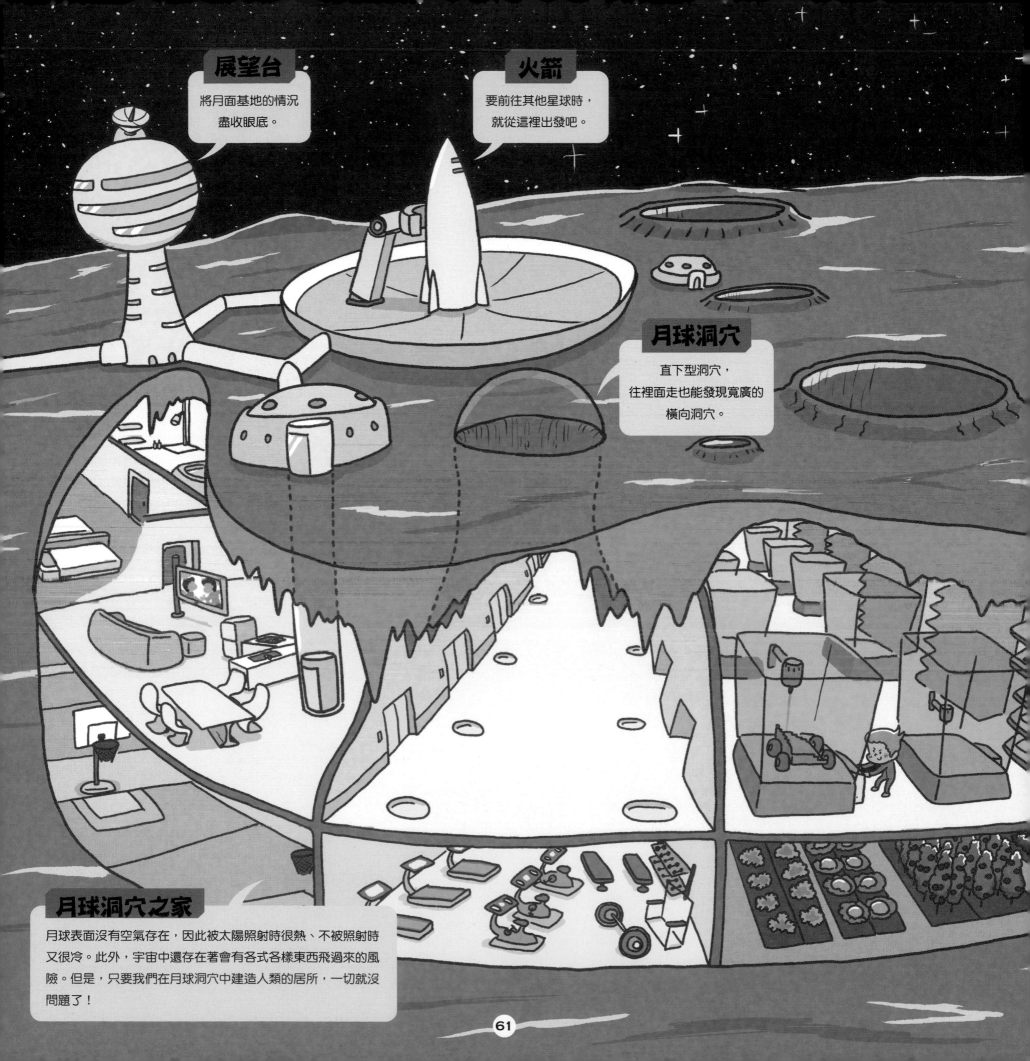

宇宙旅行計畫

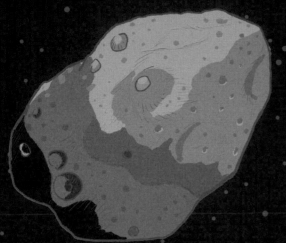

小行星

小行星並不是圓滾滾的，而是像凹凸不平的粗糙岩石那樣的天體，很多都還維持著剛形成時的狀態，並沒有改變。

也就是說，它們就像是宇宙歷史博物館那樣的天體喔。

如果我們去調查小行星的話，關於星球或是生物是如何形成的疑問，或許就能從中獲得啟發呢。

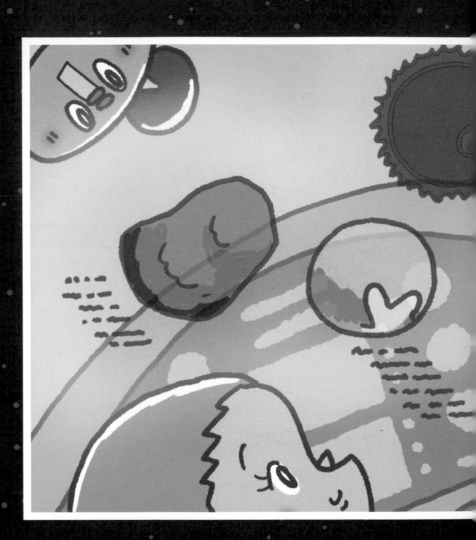

冥王星

過去它曾經是行星夥伴的一份子，

但隨著和冥王星差不多大的天體大量地被發現，

現在則是被歸入矮行星這個類別。

外觀上可看到愛心形狀的圖樣，是個很可愛的星球喔。

浩瀚無垠的宇宙，存在著許許多多我們還不了解的事物。
現在就請大家登上太空船，設定好接下來的目的地。
做好準備以後，我們就要出發囉！

地球

實際上，地球還有著相當多未知的事物。

舉例來說，地球的海洋不僅寬闊，也很深，

因此幾乎沒有被徹底探勘呢。

藉由更加深入了解地球的事情，

對於我們今後的宇宙之旅也能派上用場，

同時，研究宇宙的事物，同樣也能在理解地球上發揮功效。

和地球相似的遙遠星球

這次我們前往的太陽系行星之中，

很遺憾的，裡面並沒有像地球這樣的星球，但是

在更遙遠的地方，應該就能發現和地球很像的行星喔。

作者
宇宙大哥哥（宇宙兄さんズ）

為了點燃小朋友們的好奇心、冒險心、以及技術創造心的熱情，因此以宇宙為主題，在日本全國各地舉辦實驗、勞作、講座等公開活動。經歷財團法人日本宇宙少年團職員、JAXA宇宙教育中心職員等職務，現為公益財團法人日本宇宙少年團職員。推動NASA和JAXA等太空中心的太空營隊、與太空人的通訊活動等營運企劃，並為日本全國各地舉辦的宇宙教育活動提供支援。

繪圖
イケウチリリー

1974年生於鳥取縣鳥取市。高中畢業後曾擔任木工師傅，2009年從鳥取環境大學設計學科畢業後，前往東京。之後於Setsu Mode Seminar、澀谷藝術學校進行深造，畢業後成為插畫師。對宇宙的熱愛強烈到總是追尋著最新資訊的程度。主要作品有『珍獸ドクターのドタバタ診察日記』（ポプラ社）、『笑うのだれじゃだじゃれあそび』（汐文社）、『お話365』系列（誠文堂新光社）等等。

參考文獻

宇宙活動ガイドブック（JAXA宇宙教育センター）

惑星のきほん（誠文堂新光社）

はじめてのうちゅうえほん（パイ インターナショナル）

太陽系観光旅行読本（原書房）

小学館の図鑑NEO 宇宙（小学館）

学研の図鑑ライブ 宇宙（学研教育出版）

講談社の動く図鑑 MOVE 宇宙（講談社）

ふしぎがわかるしぜん図鑑 うちゅう せいざ（フレーベル館）

KNOWLEDGE ENCYCLOPEDIA SPACE!（DK）

3D宇宙大図鑑（東京書籍）

insidersビジュアル博物館 宇宙（昭文社）

天文キャラクター図鑑（日本図書センター）※中文版《太空探險小圖鑑》由瑞昇文化推出。

TITLE
行星 MAPS ～太陽系漫遊繪本～

STAFF		ORIGINAL JAPANESE EDITION STAFF	
出版	瑞昇文化事業股份有限公司	カバー・本文デザイン	SPAIS（熊谷昭典 宇江喜桜）
作者	宇宙大哥哥		
插畫	イケウチリリー	ポスターデザイン	安居大輔（Dデザイン）
譯者	徐承義		
		編集	ことり社
總編輯	郭湘齡		
責任編輯	徐承義		
文字編輯	蕭妤秦 張聿雯		
美術編輯	謝彥如 許菩真		
排版	執筆者設計工作室		
製版	明宏彩色照相製版有限公司		
印刷	龍岡數位文化股份有限公司		
法律顧問	立勤國際法律事務所 黃沛聲律師		
戶名	瑞昇文化事業股份有限公司		
劃撥帳號	19598343		
地址	新北市中和區景平路464巷2弄1-4號		
電話	(02)2945-3191		
傳真	(02)2945-3190		
網址	www.rising-books.com.tw		
Mail	deepblue@rising-books.com.tw		
初版日期	2020年10月		
定價	600元		

國家圖書館出版品預行編目資料

行星MAPS：太陽系漫遊繪本 / 宇宙大哥哥文；イケウチリリー繪；徐承義譯.
-- 初版. -- [新北市]：瑞昇文化, 2020.10
64面； 28 x 28公分
ISBN 978-986-401-440-8(精裝)

1.太陽系 2.繪本

323.2 109012415